AF292895

En couverture :
Le village de Sabaillan Gers fin des années 90
Tableau de John HENSON

À Marie-Ange, Xavier, Céline.
Puis Anaïs, Lise, Louis, Gabin, Camille.
L'avenir vous appartient !

CONTES, COMTES et COMPTES GASCONS

Plaidoyer pour la réintroduction de
l'Homme dans la Nature

"Chi non pensa prima, sospira dopo !"
Qui ne pense avant, soupire après !
Disait ma grand-mère Giuseppina

Avant propos

Pensées Paysannes

Si j'étais né dans le seizième arrondissement, peut-être me pavanerais-je dans les sofas moelleux des grands salons parisiens ? Mes bras longs s'agiteraient, relevant une mèche rebelle d'un revers savamment étudié. Acteur de salon et grand spectateur de la société, je serais entouré d'un parterre d'oreilles choisies se délectant de chacune des tirades de mes précieuses théories : "Ils auraient dû faire ceci… Ils devraient faire cela… C'est la faute aux autres…" Mais ces idées faciles, développées dans des ouvrages reliés de cuir doré à l'or fin, seraient-elles en phase avec les réels problèmes des derniers Petits Paysans de nos campagnes désertifiées par le délire du productivisme ?

Depuis plus d'un siècle, les Petits Paysans se meurent dans l'indifférence générale. Ils emportent avec eux tous ces Savoirs dont nous aurions maintenant besoin pour reconstruire un Equilibre Social, Culturel,

Economique et Ecologique. Et si nous n'y prenons garde, le même scénario se prépare pour nos amis des PECO (Pays de l'Europe du Centre et de l'Est) qui sont en train de réfléchir sur leur stratégie de développement rural pour nous rejoindre dans la Grande Europe. Aidons-les, au moins, à éviter de faire les mêmes erreurs que nous !

Heureusement j'ai eu le privilège, désormais peu commun, de naître en Occitanie, Paysan de la France profonde. Passionné de prospective, l'Avenir de notre société m'intéresse. Aujourd'hui, mes cheveux devenus plus que grisonnants, j'ai envie de faire partager mes idées et ma philosophie bâties sur mon expérience et mon vécu d'acteur et défenseur de la Petite Paysannerie. Au fil de l'actualité de ces dix dernières années, j'ai essayé de traduire, à ma façon, une vision optimiste du Futur.

Symbole d'un idéal, le Paradis nous est promis, mais… dans une autre Vie. Ce sera probablement très sympa, mais en attendant nous pourrions nous entraîner un peu ici bas… N'est-ce pas ?

La Vie est une fantastique Aventure !

Jean AMBLARD, L'an 2003 (réédité en 2023)

Le Jardin d'Eden
1995

Il était de coutume en pays latin
D'espérer l'autre vie pour découvrir l'Eden.
Désormais en Gascogne il n'en est rien,
Puisqu'en ses coteaux Gersois renaît ce jardin.
C'était un fantasme souvent émis en vain
Car, sous le pommier, attiré par le Malin,
L'Homme fier y croqua maintes fois son destin.

Le vingt et unième siècle n'étant plus très loin,
Il nous faut à nouveau vite faire le point.
Le temps est venu de repenser en son sein
Le bon ordre des plates-bandes du Jardin.
Selon la géomorphologie du terrain,
En sachant bien du consommateur les besoins,
Tout est Harmonisé, l'eau pure pour témoin.
Nombreux Paysans de leur avenir certains,
Artisans, commerçants, restaurants et baladins
S'activent à faire prospérer cet Ecrin.

Paradis aussi pour les citadins,
Tout est cuisiné, mijoté pour son prochain
Selon l'Identité préservée avec soin,
Dont nos deux mille ans d'Histoire sont les témoins.
Des haies, des couleurs et les Pyrénées au loin,
Sentiers tracés en quatre voies ou bons chemins
Mènent cette nouvelle stratégie à bien.

Ce nouvel équilibre Nature - Humains,
Recrée notre Art de Vivre en ces lieux divins.
Pour qu'enfin il n'y ait plus d'exclus au festin,
Vite, ensemble réfléchissons à demain :
De l'Europe, notre Gascogne sera l'Eden.

Paysan, ton destin t'appartient.
2001

"What do you want Messire ? " S'écria désespérément le pauvre Johan à la vue de l'intrus qui traversait ses terres en piétinant dédaigneusement les récoltes. Respectueux comme le sont les Paysans, il ôta néanmoins son étrange coiffe à grande visière et accosta le majestueux seigneur venu d'un autre temps sur sa monture gris métallisée.

"Oh là ! Brave manant, n'aurais-tu point aperçu une harde qui prospère en ces coteaux ? Je suis Gaston Phébus, comte de Foix en week-end au château de Caumont. J'ai invité Colonna et son pote Pétrarque pour une troisième mi-temps chez Belleforest. Nous y dégusterons un cerf à la broche, fourré au foie gras, figues et cèpes. Nous allons dignement fêter ma victoire sur l'Armagnac !"

"Ça suffit Messire ! … Ça commence à bien faire, vous me donnez la migraine. Premièrement, je ne suis pas un manant mais un honnête Paysan.

Ensuite, vous êtes en train de piétiner mes récoltes ! Depuis quelques temps, ça n'arrête pas… Un "cop" c'est le Prince Noir qui participait soi-disant au rallye équestre de Tournan et, le soir venu, il embrasa tout le village. Maintenant, voilà que l'on nous piétine notre Avenir à coups de PAC, désertification, nitrates, tempêtes, normes européennes, tourisme, OGM, vaches folles, fièvre aphteuse et autres réchauffements de la planète… Et nous, avec tout ça, insensiblement, nous sommes redevenus les serfs d'une nouvelle féodalité ! "

"Festoyons, manant, festoyons, les temps vont changer. Nous allons passer un été presque céleste au pied des Pyrénées, comme disait Pétrarque l'Italien !"

"Vous peut-être messire, mais moi je n'ai pas le cœur à rire. Que vont devenir mes enfants ? Les primes baissent chaque année, je n'arrive plus à payer la dîme et je les vois mal aller vivre ailleurs ; à la cour des miracles peut-être ? … Non, je ne veux pas de cette dictature informatisée que nous subissons avec vos cases à cocher !

Nous, les Paysans, du moins le peu qu'il en reste, nous avons encore notre fierté, notre dignité. Notre profession et son environnement, c'est nous qui l'avons créée, nous sommes des chefs d'entreprise. Et voilà que maintenant on nous l'a volée pour nous reléguer au rôle de manœuvres investisseurs assistés et on nous reproche même la pollution de la pétrochimie et autres multinationales qui nous tiennent en otage. Je me demande si je vais encore aller voter ? "

Et après un long moment de silence… «Je ne vous dirai pas où sont les cèpes ni le gibier ! Adieu Messire, j'ai encore "les bestias" *(le troupeau de vache)* à mettre au pré. Et les miennes, elles ne sont pas folles: de l'herbe et du foin, c'est ça qu'elles mangent les miennes. Mais à cause de toutes vos conneries de multinationales qui, au nom de leur "nouvelle économie" ont voulu faire bouffer des cadavres à leurs vaches étrangères, mes veaux, personne n'en veut plus, pas même les Italiens. Alors qu'est-ce que je dois faire ? Mettre la clé sous la porte, mais pour aller où ?… Agrandissez-vous qu'ils disaient. Je me suis agrandi, endetté, mécanisé et maintenant, je suis tout seul dans ce nouveau désert, comme un con et sans un rond. "

"Allons manant, ressaisis-toi ! Tu sais très bien que les derniers seront les premiers ! Tous nos châteaux sont des châteaux de cartes, relis l'Histoire… Mais tu dois maintenant comprendre que ton destin t'appartient, c'est toi qui dois choisir, décider, c'est toi qui sais. Nous attendons tes idées, nous sommes là pour t'épauler, t'aider à réaliser tes projets. Ensemble nous y parviendrons. Ton territoire doit dire non à la désertification, il doit se repeupler…Maintenant, ça suffit ce fatalisme, cette fuite en avant !

Tu dis toi-même qu'il n'y a plus d'avenir en ville pour tes enfants, alors regarde un peu autour de toi. Ne penses-tu pas qu'ici, dans tes coteaux qui font rêver l'Europe entière, il n'y aurait pas d'avenir pour eux avec ces productions naturelles que recherche de plus en plus la société ? Tu sais encore élever tes volailles avec ton grain, tes vaches avec l'herbe et le foin de ton pré, c'est peut-être ça le Vrai, l'Avenir… Allons, allons, sors donc un peu de ton carcan ! Tu vis dans une société qui a besoin de toi, elle attend tes produits. Ton rôle est de nourrir les Hommes et de protéger la Nature. Avec ton savoir, tu peux facilement allier les deux. Les marchands sont des marchands : un jour, lorsque tes frères des villes insisteront un peu plus, les marchands sauront leur fournir cette qualité que tu connais, qui est ton savoir-faire… Tu as raison, manant, ne te décourage pas. Le tourisme vert est un bon moyen pour communiquer. Profites-en pour expliquer comment tu pourrais rendre l'eau de la Save à nouveau potable ! Viens avec nous à la soirée gourmande, la prochaine fois, je te promets, il y aura des grillades de ton bœuf gascon bio."

"Bon, je crois avoir compris le message, messire. Avec ce vent d'autan qui souffle depuis trois jours et la lune rousse qui se lève entre Sauveterre et Montadet, la harde et les cèpes sont à coup sûr dans le bois des paguères, sur les terres de Sabaillus Bonus Maximus Dominus.

Moi, je cours au village annoncer la bonne nouvelle à mes amis. Depuis longtemps nous avons quelques idées pour faire revivre nos coteaux et offrir aux consommateurs la vraie Qualité qu'ils espèrent. Et comme nous disons en souriant à Sabaillan : Mieux vaut un Paysan qui sait que dix chercheurs qui cherchent !

Je crois que je vais relancer la mode du béret. Cette casquette de l'oncle Sam, que nous portons depuis plus de quarante ans, nous a bien protégé, mais ces temps-ci elle nous donne la migraine, on y perdrait notre latin. La grande visière nous empêche de scruter l'Avenir et notre disque dur n'est pas protégé !…

Adieu messire !

Nous comptons sur vous et nous irons tous voter en mars !"

Ah ! Si vous connaissiez ma Poule…
1993

Chez nous, on l'aime parce qu'elle est Nature, sans fard, économe et pétillante, mais pas volage: elle revient tous les jours au nid.

Oubliée dans le délire de la productivité, elle redonne le tempo notre petite gasconne !

Elle a besoin d'espace : désormais nous en avons.

Elle ne supporte pas la captivité : elle aura sa liberté.

Sa chair est si savoureuse et son œuf est si vrai que les consommateurs en caquettent d'impatience.

Il faudra de nombreux Paysans des coteaux de la Gascogne pour lui redonner vie.

Elle sera le La majeur, une note oubliée sur la partition gastronomique gasconne.

Arrêtons de broyer du noir, changeons de ton !

Dans le solfège gascon du vingt et unième siècle, une noire vaudra deux blanches !

Que vive notre Poule à l'esprit vert, qui porte le noir de notre béret et non celui du deuil…

Chassez le Naturel…
1998

"Tchernobyl c'était de la bricole à côté de ça...
Non, non, il ne fallait pas… Dans l'état actuel de
nos connaissances, il ne fallait pas !!! Je les avais
prévenus, il ne fallait pas ! " Répétait
inlassablement Eurêka, le savant fou qui avait eu
le malheur de dévoiler au "parrain"
l'aboutissement de tant d'années de recherches et
de délires: "Il fallait pourtant bien que je justifie
mon salaire…Ce sont eux qui me payent…"

Tout avait commencé il y a 150 ans environ.
Nous sommes en 2148 et il pleut, et il pleut…
dans ce pays que l'on appelait la Gascogne. Après
cinquante années de climat saharien, voilà que
depuis bientôt un siècle le ciel nous tombe sur la
tête. La végétation luxuriante dans cette zone

désertifiée n'est pas sans rappeler la forêt tropicale.

Et dire que pendant des centaines d'années les autochtones de cette contrée se plaignaient de leur sort alors qu'ils vivaient dans un petit coin de paradis, un Eden presque oublié des agitations de la société. Ils semblaient vouloir ignorer, ou bien on cherchait à leur faire renier, les vraies valeurs qu'ils avaient jusque là essayé de préserver. Ces valeurs ringardes auraient pourtant permis d'éviter les pires horreurs à leurs descendants, les horreurs d'une fin de civilisation…

Conformément à son identité, ce petit peuple gascon maintenant disparu, vivait paisiblement : il saisissait toutes les opportunités que pouvait lui offrir la société et refusait de dérogation en dérogation, les contraintes qu'elle aurait pu lui imposer. C'était un peuple heureux, qui savait faire partager sa joie de vivre à travers sa bonhomie et la qualité de ses productions reconnue dans le monde entier. Tout le monde l'enviait, mais lui, par stratégie, il continuait à se plaindre… Et, c'est bien ce qui causa sa perte…

"Ils veulent le beurre, l'argent du beurre et la fermière par-dessus le marché !" s'irritaient les technocrates provisoires.-

Il faut dire qu'auparavant, lorsqu'on voulait faire démissionner un col-blanc un peu trop gênant pour l'administration, on le limogeait.

Mais à l'époque dont nous parlons, on le "gascognisait". La stratégie était bonne car ils ne faisaient tous qu'un bref passage : ou bien ils rendaient leur tablier rapidement ou bien ils faisaient de la politique pour tenter de renverser le régime. Ceux qui résistaient plus de trois ans étaient automatiquement envoyés à Sainte Hélène.

Donc, ces technocrates venus d'un autre monde déjà "virtualisé", pensaient bien dominer ces irréductibles Gaulois en essayant de leur imposer leurs fameuses normes dites européennes pour faire plus pompeux. Des normes informatisables, sorties tout droit des tours de verre bleuté "Caprices des Dieux", inventées et imposées par les otages des lobbies féodaux. Leur application était scrupuleusement observée par des grands ordinateurs satellitaires: "La loi, c'est la loi, personne n'y peut rien !". C'était juste après l'explosion en série de ces fameuses centrales nucléaires indestructibles…Et pour sauver les grands ordinateurs chargés d'espionner le moindre geste de la population, démocratie oblige, on avait trouvé la géniale et discrète solution de les placer en orbite autour de la planète: "Au moins, ce sera ça de sauvé…et là, personne n'y touchera….! " s'enorgueillissaient les descendants de l'oncle Sam en s'auto-congratulant.

"On les aura ces Gascons, on les aura jusqu'au dernier. J'y passerai la vie entière s'il le faut, mais je vous jure que je les exterminerais tous. La chasse est ouverte ". Cette phrase, désormais célèbre, avait été prononcée au monde entier, en direct, par le célèbre "Grand Picsou De La Vache Folle Multinationalisée" sur son portable, depuis le pont de son yacht voguant sur le Pacifique…

Aussitôt, chacun de ses laquais carriéristes s'ingénia à proposer sur Internet les techniques et les virus les plus sadiques pour obéir aux ordres machiavéliques et ainsi accéder à la promotion promise: une bonne dose de PAC *(Politique Agricole Commune)*, un petit coup de GATT ou d'OMC *(Organisation Mondiale du Commerce)*, un petit coup de Normes Européennes, un peu de Vache Folle, quelques expéditions punitives…Le tout bien médiatisé. Bref, la chasse battait son plein, lorsque notre brave savant fou, notre pauvre et naïf Eurêka, tout fier, remit le CD Rom retraçant ses années de travail à son parrain. Sans se douter, il avait enfin trouvé le moyen d'éradiquer cette peuplade de Gascons primitifs !

Il faut dire que notre brave homme avait fait une découverte inattendue et gardée bien secrète jusqu'à ce jour: il avait enfin réussi à recréer la Vie, un fantasme aussi vieux que l'Homme. Il avait réussi à déjouer la Nature, à la modifier. A partir d'un microscopique fragment d'ADN recueilli sur un os du site préhistorique de l'Astarac, il avait réussi à recréer un COUPLE DE DINOSAURE.

Au début, tout le petit peuple était en liesse et c'était bien normal: notre brave Eurêka était un enfant du pays, un qui avait réussi. La preuve: le parrain l'avait embauché… Non, les dinosaures n'étaient plus morts !!! L'Homme est quand même intelligent… Ah oui, il est fort ! Il a enfin réussi à maîtriser cette satanée Nature qui lui en a fait tellement voir pendant des millénaires. C'est vraiment une belle revanche ! On va construire un monument à la gloire d'Eurêka et on a déjà décidé de l'installer sur le rond-point en février, juste un mois avant les élections, ça tombe bien !

Sur les coteaux comme dans la vallée, les quelques écoles encore survivantes à la désertification programmée par les cols blancs, furent sollicitées pour choisir un prénom à ces charmants lézards qui grandissaient, grandissaient… Une belle récompense était prévue pour les deux gagnants, un garçon et une fille, parité oblige. Ils auraient l'honneur de tenir les ciseaux et la bannière pour l'inauguration de la statue d'Eurêka.

Pour la parité aussi, Lombézeur fut choisi pour le mâle, Samathana pour la femelle, des consonances latines bien de chez nous. C'était beau, c'était historique, c'est ça le progrès: dominer la Nature, la mettre à nos pieds. Nos bébés dinosaures qui grossissent, qui grossissent, en sont bien la preuve ! Les radios, télés, tous les médias, les décideurs, toute la famille des chercheurs qui cherchent, s'enivrent d'autosatisfaction: "Dieu que l'Homme est Supérieur ! Quel Progrès ! Maîtriser la Vie ! Domestiquer la Nature ! Voilà qu'avec cette découverte, nous allons nous auto-régénérer "Ad Vitam Æternam". Plus besoin de se reproduire. Il est vrai que c'est une bonne solution car la radioactivité, la pollution accumulée, la vie stressante, la résistance aux antibiotiques et la disparition de nos immunités due à notre alimentation aseptisée nous ont rendu pratiquement stériles… Désormais il est permis d'espérer en l'Homme nouveau, l'Homme virtuel… Grâce à cette découverte nous sommes enfin sauvés. Ah, si nous avions fait confiance à la science au lieu de…"

Pendant ce temps là, nos animaux, eux ne philosophaient pas et continuaient leur développement. De brillants et géniaux ingénieurs bardés de diplômes furent dépêchés par le ministère de l'agriculture pour construire une confortable et indestructible cage aux Normes Européennes.

"Vraiment, c'est un marketing en Or pour notre région qui se meurt ! s'exclamait le directeur du tourisme. Avec ce produit nous allons faire le plein toute l'année: classes vertes, club des cheveux d'argent… Pour faire du hors saison c'est la poule aux œufs d'or !" En effet, tout fut rapidement mis en place grâce aux généreux Fonds Européens.

Des vétérinaires savants, psychologues pour animaux, nutritionnistes se relayaient autour de nos deux amis. Mais, quand même…, malgré l'invulnérabilité de la science, on commençait à chuchoter dans les chaumières… "Et si…? ", "Mais non, rassurez-vous, avec le salaire qu'ils touchent, ces ingénieurs qui ont conçu la cage n'ont pas droit à l'erreur. Et puis, on est aux normes et de toute façon on est bien couverts: les assurances, ça sert à quoi les assurances ?"

Lombézeur et Samathana, célébrités grandissantes grandissaient et ne mangeaient pas moins de trois vaches par jour: une par repas. Ce sont des protéines indispensables à leur croissance. "C'est normal pour des herbivores privés de liberté, on doit compenser avec des protéines animales. Les protéines ce sont des protéines, bande d'ignorants. Les savants qui savent l'ont dit…alors…" Et puis, c'est une alimentation aux normes…

Mais au bout de quelques mois, nos normaliens avaient sans doute SOUS ESTIMĒ…la croissance de nos deux amis transgènes dotés d'un appétit gargantuesque et il fallait assouvir leur besoin pour qu'ils ne s'énervent pas trop. Mais, en dévorant les derniers troupeaux de la région, ils continuaient de grossir, de grossir… "MALHEUR, MALHEUR… NOUS N'AVIONS PAS PREVU CELA ! " s'écria le vétérinaire en chef. "Nous ne pensions pas que cela se produirait aussi vite…NOUS NE

SAVIONS PAS ". ÇA Y EST, LE DOUTE était officiellement installé……Samathana était en… chaleur !!!…

"Malheur, Horreur"… Pendant une nuit de pleine lune, sous la pluie battante, par vent d'autan (ce qui n'arrangea pas les choses), les ébats amoureux de nos deux préhistoriques eurent vite raison de la science des scientifiques… Les barreaux ne résistèrent pas longtemps à l'appel de la Nature… Pendant la lune de miel de nos deux amoureux, les petits écoliers, les ingénieurs, la commission de sécurité, les vétérinaires, les forces de l'ordre, les bus entiers de touristes, les habitants de la région furent dévorés, déchiquetés en moins de temps qu'il n'en faut pour le raconter… Là, on ne se préoccupait plus de savoir si la nourriture était aux normes ! En quelques jours, il ne restait plus que quelques peuplades isolées çà et là dans les coteaux de Sabaillus Bonus Maximus Dominus. Heureusement, ils avaient réussi à se sauver dans la forêt immense. Mais, issus d'une société de dégénérés assistés et dépendants, ils ne survivraient pas longtemps sans une nourriture aseptisée en sachet stérile, les anticorps n'existant plus depuis bien longtemps…

Un pesant silence est revenu sur la forêt. Samathana doit sans doute être en gestation maintenant. Mais aucun des quelques survivants, dont j'ai la chance de faire partie, ne se pose plus la question de savoir combien de temps peut durer la gestation d'une dinosaure, ni si elle aura du lait ou pondra des œufs. Personne non plus pour chercher un prénom aux prochains rejetons. Et la statue du rond point… ? Et les élections… ? C'est sauve qui peut … Car chaque jour, nos démons ont besoin de leur ration de chair fraîche: normal… ils ont été habitués comme ça par les nutritionnistes… !

"AU SECOURS ! A l'aide ! Quelle HORREUR !!!" Au moment où je vous raconte ça, juste derrière moi, j'entends d'effroyables craquements de branchages… Que dis-je: d'arbres broyés sous le pas de nos… deux ogres immenses. Deux ombres gigantesques se dirigent vers moi… Je cours, je cours: là, dans la vallée, une clairière immense, vite, vite ! J'essaie de m'enfuir, je ne peux plus avancer, je patine, je glisse, je m'enlise dans la glaise visqueuse d'un ancien champ de maïs OGM où depuis plus de cent ans rien n'a encore repoussé… Horreur, je vais mourir, c'est la fin… je suis Mort !!! Dieu ait mon âme… Je sens leur souffle brûlant sur moi… J'ai chaud, très chaud… Trop tard … ça y est je suis mort. Ils m'arrachent le bras AAAAAAAAAAHHH……

"Ça suffit ! J'en ai marre ! Réveille-toi !!! Vas-tu arrêter de me donner des coups de pieds ? " S'écria ma femme en me secouant vigoureusement par le bras. "C'est chaque fois pareil. Chaque fois que nous sortons le soir, tu bois trop et ensuite tu m'empêches de dormir ! "

Quel horrible cauchemar ! Je suis essoufflé, trempé de sueur, je n'en peux plus... Ouf... Ce n'était qu'un mauvais rêve, j'en tremble encore et quel mal de tête !...

C'est vrai, nous l'avons bien fêtée cette intercommunalité dont personne ne voulait... Et ce millième jeune agriculteur de notre canton. Il vient de s'installer en Agriculture biologique** dans nos coteaux pourtant promis à la désertification du temps où la prospérité de l'industrie et agro-industrie nous évitait de penser à l'Avenir.

"Pourtant, cet Armagnac* qui nous a été servis: il était bien Bio** ? "

*Normalement, l'Armagnac devrait être consommé avec modération, paraît-il ?

**Produit issu de l'Agriculture Biologique, sans engrais chimique, ni pesticide, ni OGM, une agriculture Harmonisant les Besoins de l'Homme et les Exigences de la Nature.

Papa, fais-moi rêver !
1993

Père

- Jachère tournante ou fixe, gel quinquennal,
les centiares de l'îlot n°4, doit-on les inscrire sur
la feuille jaune au paragraphe 2 bis ?

La feuille bleue de la MSA (Mutualité Sociale
Agricole) ne correspond pas car nous avons
arraché le bois sur la parcelle en location précaire
et le propriétaire qui habite Baden Baden ne l'a
pas signalé donc, nous perdons les primes.

La voisine a repris l'exploitation à son nom pour
que son mari puisse toucher la retraite, mais elle
vient de décéder: va-t-il y avoir versement de la
prime? "Peut-être ? " a répondu le contrôleur de
la DDAF (Direction départementale de
l'Agriculture et de la Forêt), si le dossier a été
déposé avant le 15 mai…

Fils
-        Papa, je t'ai demandé de me faire rêver !!!

Père
-        Alors, il faut geler la terre de la Paguère
(terre de coteaux exposée au Nord) parce qu'on
touchera plus de primes sur les surfaces irriguées,
surtout avec du soja. Mais ils disent que les terres
drainées vont subir une taxe environnementale.

Fils
-        Papa, tu ne me fais pas rêver !!!

Père
-        Le Crédit Agricole (banque mutualiste
créée par les agriculteurs…) remet en cause le
contrat de la Coop (Coopérative Agricole
d'approvisionnement et de commercialisation,
fondée par et au service des agriculteurs),
Bruxelles n'a pas versé la prime en temps voulu.

Et cette pluie qui n'en finit pas… J'espère que
nous serons déclarés sinistrés sinon nous ne
pourrons pas rembourser le prêt du tracteur. Sans
compter que nous n'avons pas encore payé les
dernières charges sociales…

Fils
-        Papa ! Ecoute !!!

Père

-       Tonton est au chômage depuis 3 ans. Il va pouvoir enfin travailler en CES (contrat emploi solidarité) dès que son dossier RMI (revenu minimum d'insertion) sera passé en commission. Lui, au moins, il sera tranquille…

Fils

-       Papa, écoute-moi enfin !!! Je suis en seconde au lycée et je dois formuler des choix pour mon Avenir. Quand j'étais petit, je t'accompagnais au champ voir notre troupeau, le plus beau du village comme tu disais. Tu me racontais l'histoire d'Aristote qui avait été sélectionné à la foire de Paris et qui était devenu le meilleur taureau du centre d'insémination d'Aubiet. Et celui que les marchands se disputaient à la foire de Samatan. Et la fameuse Casta qui était si vieille mais que tu gardais parce qu'elle faisait chaque année le meilleur veau de notre étable.

Je t'accompagnais dans la brume matinale voir si le labour était prêt pour y essayer notre nouveau tracteur…Tu me disais: "Humes notre Terre, mon fils, la terre que nos ancêtres nous ont léguée, notre gagne-pain. Nous devons être fiers, nous, agriculteurs nourriciers de notre société prospère !"

Père

-       Oui, mais ça, c'était avant…

Fils

-        Papa, je veux être PAYSAN !!!

Père

-        Arrête de dire des bêtises, tu vois bien que tout est FOUTU…

Fils

-        Papa, j'ai décidé d'être Paysan, inscris-moi à l'école d'agriculture, option agro-tourisme.

Père

-        Mais tu vois bien qu'ici on ne peut plus vivre. Regarde autour de toi, dans nos coteaux. Combien penses-tu qu'il restera d'agriculteurs dans 10 ans. Et moi, quand on me parle de tourisme, ça me fait marrer !!!

Fils

-        Papa, je n'ai pas dit agriculteur, j'ai dit Paysan !

Père

-        Avec les sabots et le béret pour amuser les citadins en short!

Fils

-        Peut-être pas les sabots, mais le béret, pourquoi pas ?

Père

-        Bon, allez… J'attends tes explications, mon fils.

Fils

-        Ne pense pas que je renie tout ce que tu as vécu, au contraire ! Je suis conscient que tu as participé à la reconstruction, à la richesse de la France et même de l'Europe. Je dirais même mieux: vous avez été trop bons !!! Souviens-toi quand tu as pris la succession de Pépé, vous travailliez encore avec les bœufs gascons, 15 quintaux à l'hectare. Et petit à petit, avec la J.A.C.(mouvement des Jeunesses Agricoles Chrétiennes d'où naquit ensuite la FNSEA: Fédération Nationale des Syndicats des Exploitants Agricoles), vous avez suivi l'évolution de l'époque. Il fallait produire, tu as réussi ! Oui, mais voilà, ce défi, c'est l'agriculture française toute entière qui l'a relevé et finalement la pollution que Bruxelles a tant de mal à gérer, personne n'y croyait mais elle est bien là. Le vrai problème, c'est que personne n'accepte de se remettre en cause.

Bien sûr, tout le monde pense: il y a des millions d'Hommes sur notre planète qui "crèvent" de faim et nous on nous paye pour nous empêcher de produire. Tu as raison de hocher la tête, je pense aussi comme toi, mais est-ce vraiment la bonne solution ? Ne vaudrait-il pas mieux les aider à être autonomes, plutôt qu'un assistanat pour justifier notre surproduction ? Sais-tu que nos exportations agricoles coûtent plus cher à la France que si on ne produisait pas ! ! !

Depuis près de vingt ans, on a refusé de s'organiser pour gérer la situation et voir la réalité en face. On se contentait de dire qu'il y avait trop d'agriculteurs. Alors puisque tout était figé ainsi, ce sont les technocrates, assis derrière leurs ordinateurs, qui ont pris les choses en main et bien sûr, cela ne correspond pas du tout à l'attente des producteurs qui subissent leurs décisions comme une atteinte à leur dignité. Ce qui c'est passé est normal dans une société aussi cloisonnée que la nôtre ! Ce n'était pas aux technocrates à décider seuls sous la pression de lobbies. C'est en concertation avec le terrain qu'il faut gérer et régulariser la production en fonction des besoins de la CEE (Commission Economique Européenne) devenue UE.

D'ailleurs, je pense qu'à Bruxelles ils attendent toujours des propositions qui aillent dans ce sens. Ils n'ont pas l'intention d'instaurer définitivement ces méthodes insupportables et humiliantes dont tu parlais tout à l'heure. D'ailleurs, en auront-ils longtemps les moyens ? Car notre société a bien d'autres soucis...

Père
-       Bon, après ton analyse, où vois-tu une solution, toi ?

Fils
-       Et bien voilà. Notre Gascogne ne sera pas longtemps compétitive dans la productivité, on n'est pas fait pour ça. Ce n'est pas notre "truc",

pas notre identité. Nous avons les meilleurs atouts à mettre en valeur pour les générations futures. Bien sûr elle doit rester agricole mais avec une autre logique qui va prédominer très rapidement. Une agriculture moins intensive donc moins productive, avec moins de charges aussi. De là, forcément, nous offrirons aux consommateurs des produits plus naturels, plus sains, plus équilibrés. Et cette façon de produire respectera la Nature qui souffre de plus en plus de la productivité. Relis tes analyses de sol et celles de l'eau !

Père

-       Ho là ! Mais dis donc ? Ne serais-tu pas devenu un peu "Ecolo", par hasard ?

Fils

-       Arrête Papa ! Tu ne vas pas toi aussi ressortir cette vieille rengaine qui traîne encore dans la profession et qui est un peu désuète. Cette guerre née en 1968 des "chimiques" contre les "biologiques" qui maintenant nous fait un tord considérable car elle nous empêche d'être objectif. Non, moi je veux te parler de l'équilibre entre l'Homme et la Nature, celui qui a fait notre identité séculaire de bien vivre !

Père

-       Alors   tu   es   devenu   philosophe maintenant ?

Fils

-	Tu peux appeler ça comme tu veux, mais je peux concrétiser cette idée: de plus en plus de citadins se sensibilisent à juste raison aux problèmes d'environnement, à leur santé, à la santé et à l'avenir de la planète. Leurs moyens d'agir sont très limités, à part consommer…

Tu vois où je veux en venir ? Si nous, les producteurs, nous jouons vrai avec eux, si nous répondons à leur attente en leur proposant des produits qui respectent cet équilibre… Voilà une idée "qu'elle est bonne" pour les économistes !

Père

-	Oui, mais tu vois bien que les gens ne peuvent ou ne veulent pas dépenser plus pour se nourrir. Donc, ton idée ne tient pas la route car tes produits vont forcément coûter plus cher.

Fils

-	Actuellement, c'est vrai, car personne ne veut encore faire les comptes de la pollution sur l'eau, l'environnement, la santé… Il y a tellement d'intérêts en jeu dans le système établi qu'il sera long de changer les choses…

Donc, dans un premier temps, il faudra développer cette logique avec des productions traditionnelles ou nouvelles dans des réseaux commerciaux très courts, en vente directe. Ce système existe déjà chez nous dans le Gers, mais trop marginalement encore. Si nous développons le tourisme vert à la place qu'il mérite dans notre société et dans ce projet, nous communiquerons avec les consommateurs pour les rassurer. Ce circuit commercial ainsi instauré permettra de rentabiliser ce type d'agriculture qui sera expérimental dans un premier temps, juste le temps de prouver que l'idée tient la route. Après, comme l'agriculture fonctionne avec des aides, il suffira de les distribuer d'une autre façon, tant qu'elles existent encore.

Père

-	D'accord, je commence à comprendre ton raisonnement. Mais crois-tu que cette idée puisse intéresser les agriculteurs qui ont tellement de problèmes à résoudre au jour le jour. Alors, rajouter des productions nouvelles et le tourisme en plus, c'est de l'utopie.

Fils

-	Rassure-toi ! Ce que je souhaite, c'est que l'on donne les moyens aux agriculteurs pris au piège de l'application actuelle de la PAC (assistanat, dépendance, endettement, sur-mécanisation, agrandissement des surfaces, exclusion des jeunes) de résoudre leur problème actuel et que parallèlement se greffe ce nouveau développement parfaitement adapté à notre terroir.

Père

-       Sois plus concret dans tes idées, mon fils !
Tu sais qu'un agriculteur, même s'il est
philosophe, aime bien les choses concrètes.

Fils

-       Alors prenons un simple exemple parmi
d'autres: notre vache gasconne auréolée qui
pendant des centaines d'années avait été
sélectionnée pour s'adapter à notre
géomorphologie, à notre climat ; qui a participé à
la création de notre identité gastronomique :
l'idéal quoi !

Sois attentif car tout ce qui suit doit être
développé en parallèle, comme un puzzle si tu
veux. Il faudra recréer des prairies, remettre en
place la production progressivement sous forme
de diversification. Il faudra du temps car la race a
pratiquement disparu. Il faudra aussi replanter les
haies et les bosquets pour recréer notre paysage et
de bonnes conditions climatiques. Je pense que
nous pourrons sauver et même de recréer nos
petites exploitations à "dimension humaine". Des
jeunes pourront s'y installer et faire revivre nos
petits villages, nos petites écoles…

Il faudra que nous développions avec la
profession une démarche AOP, (Appellation
d'Origine Protégée), cela recréera notre identité.
Commercialement, elle sera accompagnée d'un
cahier des charges respectant une qualité la plus
naturelle possible (conforme à notre savoir-faire

encore en mémoire). Cela maintiendra aussi les activités para-agricoles: artisanat, commerce de proximité, chambres d'agriculture, administrations territoriales, centre des impôts…etc.

Nous développerons dans le même temps une stratégie commerciale internationale (nous sommes en Europe !) adaptée aux modes de consommation mais avec une éthique de produits haut de gamme et non de braderie. Notre identité doit primer dans ce système-là: boutiques, restaurants, mais aussi "slow-foods" auront au menu le Steak ou la Daube de bœuf Gascon Bio *(Produit issu de l'agriculture biologique: sans engrais chimique ni pesticides ni Organismes Génétiquement Modifiés. Une agriculture Harmonisant les besoins des Hommes et les exigences de la Nature)*. A mon avis, les marchands de sandwichs mous seront vite mis hors du temple de la Gastronomie.

Il faudra aussi essayer de réorganiser et entretenir un équitable équilibre économique pour que la production ne soit pas obligée, comme actuellement, de récupérer les miettes…

Le tourisme vert servira à la promotion de ce terroir redevenu vivant avec ses Paysans souhaitant faire partager cette Vie saine, équilibrée, conforme à leur Identité et que la société de consommation avait essayé de ridiculiser.

On pourra même espérer revoir notre gibier naturel se réimplanter à nouveau dans cette Nature à l'Equilibre retrouvé et ainsi préserver ton seul loisir et celui de Médor: la chasse.

On pourra même espérer boire à nouveau l'eau de la fontaine du jardin d'en bas, celle qui, depuis des centaines d'années, a désaltéré notre famille et les animaux de notre ferme.

Nos petites routes de vallées et de coteaux seront à nouveau paisibles parce que les nouvelles lignes ferroviaires permettront d'expédier sur toute l'Europe tous nos produits transformés. Même les haies auront remplacé les arbres sur les bas-côtés des routes, Ecologie et Sécurité routière obligent.

Père
-       Oui, je crois que tu as raison. Notre région de coteaux sera bien plus belle, plus vivante et plus en harmonie avec notre savoir-vivre. Je suis certain que beaucoup d'entre nous pensons comme toi, mais j'ai peur que le marché soit trop marginal et que la majorité des consommateurs ne puissent pas avoir accès à nos produits qui seront trop chers…

Fils
-       J'y ai aussi réfléchi. Tu sais très bien que les prix agricoles actuels sont complètement artificiels. Ne penses-tu pas qu'il serait souhaitable   d'orienter   et   de   soutenir

financièrement cette logique pour rendre les prix plus attractifs à la consommation plutôt que de reléguer notre région à la friche, au loup ou à l'ours et nous à l'assistance publique. Moi, je refuse catégoriquement ce type de société artificielle. Il faut réintroduire l'Homme dans la Nature et offrir à la société des produits sains.

Si nos décideurs ont le courage de voir la réalité en face, s'ils le veulent, les produits issus de cette agriculture adaptée à son environnement pourront ne pas coûter plus cher que les autres. Sais-tu que pour fabriquer du maïs irrigué, on dépense plus d'énergie que l'on en produit… C'est fou quand même…

Imagine que notre agriculture s'oriente d'elle-même vers ces idées, imagine "le fabuleux créneau commercial".

Père
-       J'imagine déjà et je crois à tes idées. Tu m'as redonné du tonus. Nous prendrons rendez-vous à l'école dès demain. Je suis économiquement obligé de remplir mon dossier PAC (Politique Agricole Commune), mais j'espère que ce sera juste pour assurer la transition. Je téléphone aussi à la chambre d'agriculture pour m'inscrire aux prochaines journées de formation "agriculture biologique" et "tourisme vert" qui sont prévues cet hiver.

Je crois que Bruxelles et toutes les orientations gouvernementales proposent des moyens de réaliser ces projets. Au moins ça, c'est de l'argent des contribuables qui ne sera pas gaspillé…

MON FILS, TU ME FAIS RÊVER !!!

Ce n'est pas parce que les choses sont difficiles
que nous n'osons pas. C'est parce que nous
n'osons pas qu'elles sont difficiles.
Sénèque

Paysan heureux !
1995

Chronique anachronique ? Que Nenni ! Nous sommes bien en 1995. Depuis que l'homme est devenu Homme, depuis sa lente évolution vers l'agriculture productiviste, les terres de vallées et de plaines ont naturellement généré plus de richesses matérielles que les coteaux et les montagnes. Exploités très tardivement, les coteaux de Gascogne étaient encore boisés au début de notre ère.

Moins performants mais riches de savoir-faire, de connaissances et de respect des grands équilibres entre l'Homme et la Nature, les Petits Paysans des coteaux ont longtemps essayé de préserver ces vraies valeurs. Acquises avec beaucoup de peine, ces valeurs représentent en fait le savoir-vivre qui a fait l'Identité séculaire de la Gascogne. Malheureusement, à force d'avoir été brimé par un siècle d'évolution focalisé sur la productivité, usé par le temps et surtout par un système commercial jusqu'à aujourd'hui inadapté à la vraie qualité, ce savoir-faire est devenu désuet. Il s'est transformé en sentiments.

Il est un devoir pour tous ceux qui ont pris conscience des réalités incontournables (compétitivité, exclusion, mondialisation des marchés, surproduction, pollution), de s'impliquer activement dans le débat sur le réaménagement nécessaire de son territoire afin de faire resurgir ses sentiments. Faute de quoi, ce sera la dictature des grands ordinateurs technocratiques qui s'imposera à grands coups de contraintes agro-environnementales ou autres friches morales et sociales informatisables.

Notre société est "enfin" en train de prendre conscience des problèmes d'environnement, de santé, de respect des animaux (attention : je ne veux en aucun cas faire allusion aux extrémistes !). Il faut croire en une agriculture moins intensive, plus en harmonie avec son environnement, qui redéveloppera une ruralité plus vivante dans "ces zones en voie de désertification " comme les ont savamment baptisées nos cols blancs. Une agriculture qui créera de l'emploi, qui préservera la qualité de l'eau, la qualité de nos paysages et offrira aux consommateurs la qualité qu'ils espèrent.

Le Paysan heureux est celui qui sent naître cette période d'opportunité où ses sentiments vont enfin redevenir des logiques sociales et économiques pour les siècles futurs. Notre Avenir, l'Avenir de nos Enfants est entre nos mains, à nous de décider ce que nous voulons qu'il soit !

Que vivent donc tous ces contrats de pays, de terroirs, de rivières et surtout la réflexion sur l'aménagement du territoire… menée démocratiquement, avec les gens du terrain bien sûr !

Un Paysan Heureux

Le Bonheur est-il dans le pré ?
1996

Ces dernières années nous aurions pu espérer que le bonheur fut dans le prêt. Nombreux sommes-nous à penser que dans cette logique, le bonheur nous ne le découvrirons que sous les cyprès.

Le pactole de la P.A.C. (système technocratique gérant l'agriculture européenne à coup d'aides compensatoires) n'étant pas encore pour les prés, espérons que la réforme de la réforme (de la PAC) justifiera le titre d'un film.

Moralité : Le bonheur n'a jamais été aussi près, mais il n'est pas encore dans le pré…

Le Bonheur sera-t-il dans le pré ?
1997

Mais dis donc Madame La PAC, qu'as-tu fait de nos prés qui filtraient l'eau, qui nourrissaient nos vaches pas folles, qui faisaient vivre nos coteaux, nos petites fermes, nos petites écoles, nos petits villages ?

"Un pays qui perd ses racines par nécessité économique est un pays qui meurt !" a dit Simone Weil.

Nos racines et notre Avenir de Paysans des coteaux ne sont-ils pas dans le pré ? Et le Bonheur des consommateurs aussi ? Et la réponse à de nombreux problèmes sociaux, culturels, économiques et écologiques aussi ?

Alors, Madame La PAC, réforme ton logiciel et ne te laisse pas une nouvelle fois berner par le délire du productivisme qui, contre notre Société Humaine, d'un malin vouloir est porté.

Sabaillan sur Nature,
Paradis expérimental n° 00002
1997

Au cours du premier siècle après Jésus Christ, alors que le sud de la Gaule (Vasconnie) est déjà Romain depuis quelques décennies (l'Occitanie), l'empereur Néron, fils d'Agripine, donna ordre à Sabaillus Bonus Maximus Dominus de prendre possession d'un petit territoire dans les coteaux entre Save et Gimone. Là, une poignée d'irréductibles Gaulois avait jusqu'alors réussi à déjouer tous les plans du stratège Technocratus Nordicus Désertificatus.

Sabaillus Bonus Maximus Dominus, démocrate et diplomate réussit sa mission et transforma rapidement toutes les énergies locales revendicatives en énergies créatives.

La famille Sapalii s'installa donc en ces lieux divins par la vox populi… Le petit village s'organisa et devint le domaine Gallo-Romain Sapallianus Fondus, rebaptisé Sabailhan jusqu'en 1789, puis Sabaillan et désormais, Sabaillan sur Nature. On y vénéra le dieu Mercure, dieu du commerce dont une statuette a été récemment retrouvée près de l'église actuelle du village par l'association Archéosavès (association archéologique locale). Elle est actuellement conservée au musée de Lombez.

Ainsi, petit à petit, d'une volonté collective, loin de toutes les nuisances d'un monde virtuel, dans ce "trou de la France profonde", se recréa un véritable petit Paradis. Il est actuellement en train de se repeupler.

La réussite, nous la devons surtout à l'astuce, l'audace et le travail opiniâtre de notre brave Sabaillus Bonus Maximus Dominus. Il avait diagnostiqué l'échec de nos ancêtres Adam et Eve. Il suffisait simplement, par arrêté municipal, d'interdire la plantation de pommiers pour éviter les pépins !

Son petit peuple veut maintenant essayer de faire partager sa découverte et son savoir pour les siècles futurs. Il fut donc décidé de créer une "salle de découverte" !

Retour vers le Futur
1993

Comme tous les Européens des générations d'après guerre, je portais, pour être à la mode, la casquette de l'Oncle Sam, celle avec une grande visière qui nous donnait l'impression d'être protégé.

Cette dernière décennie, j'avais de plus en plus mal à la tête. Etant allergique à l'aspirine, j'ai essayé de rechercher la cause de ces maux. Au cours de cette réflexion profonde, dans un songe qui se répétait sans cesse, j'entendais une voix lancinante, telle du Reggae, qui me rabâchait : "Tu n'es pas Américain, tu es Sabaillanais, il te faut remettre le Béret ". A force d'insister et malgré ma réticence (il me semblait que j'allais basculer en arrière), j'ai fini par essayer ce fameux Béret Gascon. Et brusquement, au moment précis où je le posais sur ma tête, il se passait en moi une espèce de mutation semblable à celle que vécut, en d'autres temps, le Curé de Cucugnan . J'étais projeté en avant dans un tunnel noir, je filais à une vitesse

51

vertigineuse vers un point lumineux d'une clarté indéfinissable. Arrivé au bout de ce tunnel, je me retrouvais à Pujaudran, sur la 2x2 voies en direction d'Auch. Un immense panneau, superbement décoré, annonçait : "Vous entrez dans le Gers en Gascogne. 2015, fin des travaux du nouveau jardin d'Eden de la Grande Europe "…

Inquiété par cette vision, je retirais vite mon Béret et mes migraines revinrent aussitôt. Pourtant, récemment, une nuit de pleine lune, par vent d'autan, j'osais enfin poursuivre cette si étrange expérience et empruntais cette belle route…

Au bout de quelques centaines de mètres, fondant littéralement sur moi, deux anges gardiens m'arrêtent et d'un ton assez désagréable me disent :

-       Brigade de recherche et de contrôle des végétaux, qu'avez-vous à déclarer ?

-       Excusez-moi, je ne comprends pas !

Mais l'un d'eux reprend :

-       Je suis St Charles, chargé de contrôler les importations frauduleuses de pommiers au Paradis.

-       Pourquoi ? Quels pommiers ? répliquais-je

-       Adam et Eve, nos ancêtres ont eu suffisamment de pépins avec le Dragon Malin. Nous ne voulons pas que cela se reproduise dans cette nouvelle zone témoin.

Après avoir vidé mes poches, fouillé le moindre recoin :

-       C'est bon, circulez… Bienvenue en Gascogne !

Je poursuis donc ma route et en haut de la côte, j'aperçois deux hommes bien vêtus marchant vers l'ancienne mégapole Tolosa. Je suis troublé par leur allure digne et souriante à la fois. L'un d'eux porte un gros trousseau de clefs à la ceinture, l'autre semble porter les Evangiles sous le bras. Inspiré, je demande :

-       Etes-vous St Pierre et St Paul ?

-       Non, cher ami, répond le premier. Nous sommes St Yves et St Jacques et nous nous rendons au conseil régional pour l'affaire du TGV. Bienvenue en Gascogne ! Venez partager notre art de vivre !

Je continue donc, sans chercher à comprendre et derrière la forêt, au fond de la vallée de la Save voici Buconis *(appelé L'Isle-Jourdain au siècle précédent)*: Quelle ville sereine et calme, on se croirait dans un dortoir ! Arrivé sur la place de l'hôtel de ville, de nombreuses cloches se mettent à sonner à toute volée. Intrigué, je m'approche et pénètre sous la halle vitrée. Là, un petit homme vert, solitaire apparemment, guilleret, actionne le carillon. Je questionne :

-       Êtes-vous Frère Jacques pour sonner ainsi les mâtines ?

-       Et non, mon bon ami, je suis St Michel le Campanet et je sonne l'Angélus trois fois par jour pour éloigner le Dragon Malin. Que désirez-vous noble pèlerin ? Je vous exaucerai.

- J'ai juste un peu soif et mon cheval aussi.

- Allez près du pont St Antoine, vous trouverez là une coquille St Jacques : Prenez et buvez à la Save, l'eau y est si pure et si légère…Adieu !

Ah ! Je commence réellement à me plaire dans ce pays fabuleux et si accueillant où les gens semblent heureux. Décidé à continuer, je prends la bretelle Sud, direction Saragosa, remontant la vallée. Suivant le sentier balisé, vers Cazaux-Savès, des gens ayant une coiffe étrange m'interpellent :

- Hello ! Please : What is the name of this castle ?

- Comment ? répliquais-je.

- Ho yes ! Good ! Thank you Sir ; Pete, come on to Caumont !

Et ils repartent tout heureux. Je n'ai rien compris…

Soudain, après Labastide-Savès, je croise un carrosse bleu tiré par deux chevaux et roulant à vive allure. A travers la vitre il me semble entrevoir, regardant droit devant elle, une muse pleine de jeunesse et à l'allure sportive. Après ce nuage de poussière, vers Nazareth, ah non, je me trompe, vers Nizas, une scierie fonctionne à l'énergie hydraulique : « Ce doit être le charpentier du coin ! ».

Entrant en Samatan, pays de bonne chère et d'opulence (Prince Noir dixit) j'entends, sur ma gauche des petits coups de sifflets et des hurlements bizarres. Par-dessus la haie, je devine un groupe d'une quinzaine d'Obélix courant dans tous les sens sur une pelouse verdoyante. Un des nombreux curieux, qui comme moi essaie d'entrevoir, me précise :

-       C'est St René qui entraîne son équipe "Val de Save" pour la finale de dimanche au Parc des Princes !

-       On les aura ces All-Blacks ! s'écrie un autre.

Je ne comprends rien à tout cela, mais à voir leurs mines réjouies, tous ces gars ont l'air de bien s'amuser et c'est bien le principal !

Peu à peu, je ressens une certaine douceur de vivre m'envahir. En flânant près de la rivière, vers Lombarium (autrefois appelé Lombez), j'entends des grillons chanter. "Mais non, mais non, ce ne sont pas des grillons…" C'est un pacifique barde gaulois (je l'ai reconnu à sa moustache) qui, assis au bord de l'eau, gratte quelques arpèges sur sa guitare sèche. Avec son petit ventre rond et son air sympa, il entonne en me voyant :

-       Qu'est ce qu'il fait, qu'est ce qu'il a, qui c'est celui-là, et puis sa coiffe les gars, elle est drôlement bizarre les gars !

A ce moment, une barque s'approche de nous et le rameur s'exclame :

-    Salut, Pierrot. Salut à vous noble chevalier que je ne connais pas !

-    Bonjour, je viens d'un autre siècle et je me balade en rêvant grâce à mon béret. Mais, vous, votre casquette, est-ce celle d'un pêcheur ou celle d'un aviateur ?

Un autre homme qui devait probablement faire la sieste au fond de l'embarcation se relève en s'étirant. "Epoustouflant ! Mais j'y vois double ou quoi ?" En effet, les deux hommes sont identiques jusque dans leur tenue vestimentaire et même leur Pin's. Je reprends mon souffle :

-    Ou alors vous êtes Dupont et Dupond avec la casquette du capitaine Haddock ?

-    Ah, mon cher, détrompez-vous, nous sommes les disciples du Seigneur et nous prêchions la bonne parole à Montréal. Nous sommes maintenant revenus à la Maison du Père pour une retraite bien méritée. Mais nous sommes toujours jeunes !

-    Je dirais même mieux, répond le second, nous sommes frères jumeaux toujours jeunes et dynamiques comme notre petite ville. Voyez ces Lombéziens qui préparent, au son des grandes orgues, autour de la halle, le retour de Pétrarque. Ils sont encouragés par leur St Patron Jean-Jacques, le tennisman.

En me serrant longuement la main, ils m'invitent :

-    Mais passez donc à la maison, c'est près de la boutique de Ste Françoise. Il nous reste un Armagnac "hors d'âge" dont vous me direz des nouvelles. Avec un bon foie gras de nos ouailles, vous jubilerez !

- Merci, merci, une autre fois mes amis. Je dois absolument poursuivre ma chevauchée sur la route des Seigneurs. Il faut rapidement terminer ce dernier périple pour achever mon récit car mon éditeur s'inquiète…

Je reprends mon épopée sous le soleil du Midi, pas trop chaud, juste à point. Dans ce paysage féerique, sans doute dessiné pour le plaisir des yeux, j'aperçois au loin, dans les coteaux sur ma droite, des animaux un peu farouches que j'ai du mal à distinguer. Entre les haies et les bosquets déjà bien présents depuis mon entrée au Paradis, de nombreux Paysans heureux travaillent leurs champs. Ce petit coin, quasi confidentiel était presque oublié des agitations du vingtième siècle. Il est merveilleusement agrémenté d'arbres majestueux, de couleurs et d'odeurs printanières suaves et les Pyrénées pour horizon. Des élevages de toutes sortes, gambadant dans les prés verts, animent ces vallons oxygénés . J'interpelle un Paysan :

- Pardon Monsieur, ces animaux que j'aperçois là-haut, près des grands chênes, sont-ce des cerfs ?

- Ah non ! réplique-t-il vigoureusement. La féodalité n'existe plus ici, rappelez-vous que vous êtes au Jardin d'Eden !

- Ah la la…Cette langue française !…Ce n'est pas ce que je voulais dire, mais merci tout de même pour cette précision importante ! Adieu noble travailleur !

- Si vous avez le temps, allez de ma part chez mon ami le poète et artiste St J.Emile d'Espaon (le village des patrons comme l'appelle St Bernard), il vous fera visiter son Musée Paysan. C'est une merveille retraçant plus d'un siècle de vie paysanne !

- Merci, merci, cher Monsieur, cette fois-ci je suis trop pressé, mais c'est promis, je reviendrai. Adieu !

Je poursuis ma promenade un peu plus nonchalamment, mon cheval blanc profitant de la bonne herbe tendre à l'ombre de la haie. Mais, tout à coup, survolant la grande forêt de chêne de Sabaillus Bonus Maximus Dominus, une escadrille d'anges ailés, un panier à la main, surgit de derrière le coteau.

- Ce sont les Sabaillanais zélés qui surveillent la pousse des cèpes, me précise une abeille auréolée qui est justement en train de les photographier.

- Depuis qu'en 1789 ils ont enterré leur H de guerre (Sabailhan), ils se sont sentis pousser deux L (Sabaillan) et depuis, comme des goélands, les uns planent, les autres essayent de voler de leurs propres ailes (lire Jonathan Livingston le goéland de Richard Bach). Bref, tous utilisent leurs 2L à leur guise et c'est très bien ainsi.

- Vous voilà bien renseignée Madame l'abeille ?

- C'est bien normal, Monsieur le rêveur, je suis Ste Maïa et je butine toutes les informations sur notre vallée de Save. Adieu ! Je me "Dépêche ", l'actualité n'attend pas !

Me voilà en Bernadas, une grande bifurcation : à gauche L'Isle en Dodon et Sarragosse, à droite je m'enfonce dans le Gers profond. Bon, je choisis la droite, l'Espagne sera pour une autre fois. Je m'aventure sur les sentiers balisés. Par monts et par vaux, découvrant des petits villages aussi charmants et chaleureux que le nom qu'on leur a donné : Cadeillan (avec deux ailes aussi !), Sabaillan, Tournan, Villefranche, Gaujan, au bout de quelques temps me voici devant un lac immense. Beaucoup de monde joyeux, des gens de toutes couleurs, détendus, sûrement en vacances. Tout à coup, non loin de St Blancard, un homme saute de son canoë et, marchant sur l'eau, rejoint la berge. Je l'accoste :

- Suis-je à Tibériade, est-ce vous St Pierre le pêcheur ?

- Oui, je suis St Pierre, mais de Lalanne Arqué. Excusez-moi, mais je dois vous quitter rapidement, je dois aller nourrir mes porcs noirs gascons et faire mon rapport sur mon télécomputer ce soir. Si vous avez le temps, je vous conseille de descendre la vallée de la Gimone, le paysage y est radieux, les hommes aussi. Adieu !

Bien informé, je poursuis donc ma route. Quelle belle contrée ! Des vaches blanches et blondes partout sur les collines semblent avoir été créées en harmonie avec ces lieux divins. Ici, c'est un moulin à farine qui fonctionne hydrauliquement, là une centrale électrique…

A Simorre, je fais ma pause au "Relais d'Arpèges". Un homme étrange, mains calleuses, s'assoit près de moi. Je demande :

-   Êtes-vous d'ici ?

-   Et malheureusement non. Je suis Violet Le Duc. Il y a quelques temps, j'avais commencé la restauration de l'église fortifiée. Maintenant qu'elle est trop petite, St Gabriel m'a ordonné de terminer rapidement mon ouvrage.

Après un repas digne de la Religion Gastronomique Gersoise, je reprends mon voyage. Plus bas, vers Saramon, au milieu de ces prairies de vallée d'un vert inimitable, bordées de haies fleuries, près d'un lac, mon attention se porte sur un homme entouré d'animaux sauvages. Je questionne :

-   Êtes-vous St François d'Assise ?

-   Non, non, je suis St Jean, grand disciple de St Hubert, et j'attends St Victor qui doit me rejoindre avec les amis de Ste Diane. C'est la St Luc et ici c'est un péché de ne pas être à la palombière ce jour-là.

Bercé par les chants Grégoriens provenant des hauteurs du village de Boulaur, je file maintenant sur Gimont. En entrant dans Foie Gras City, une cavalcade résonne sur le pavé, sous la halle sombre. Un cavalier grand et fier, souriant, un long panache à son chapeau et la cape au vent passe tel Artaban. Intrigué, je demande à un des nombreux artisans :

-   N'est-ce pas d'Artagnan ?

-   Non, c'est St Aymeri, le Mousquetaire. Il file sur Paris pour défendre le dossier TGV à l'Assemblée Nationale !

Traversant la ville, beaucoup de commerces et d'industries agro-alimentaires animent ce coin de paradis. On dit qu'une comtesse y élèverait encore ses canards et les nourrirait avec des figues : étrange histoire… La quatre voies retrouvée, je m'oriente sur le balisage couleur pruneau, direction Agen et me retrouve rapidement chez les Lectorates. Dans les champs, des melons, de l'ail, des céréales, des vaches blanches, des cochons noirs, des poules noires encore et partout le long de cette vallée. Sur mon chemin à l'ombre, longeant les majestueuses haies bordant la rivière, je rencontre de nombreux randonneurs, sac au dos ou accompagnés d'un âne des Pyrénées. Arrivé au centre ville de Lectoure, près d'un taurobole, un homme très digne sur sa monture, vêtu d'une cape d'empereur romain, semble pressé. Je l'interpelle :

- Êtes-vous Jules César, le patron de mon ami Sabaillus Bonus Maximus Dominus qui nous raconte toujours des histoires si amusantes ?

- En effet, Sabaillus Bonus Maximus Dominus est également un de mes amis et j'aime bien ses histoires : particulièrement celle du bout du doigt du saint ! Mais je ne suis pas Jules, je suis St Robert et je rejoins de ce pas le sénat pour la réunion TGV. » Puis en regardant la hauteur du soleil, il s'écrie : « Doux Jésus… je suis déjà si en retard, j'ai dépassé le quart d'heure gascon…

Revenant sur Fleurance, quelle effervescence ! Des petites industries partout, des bouchons sur la voie d'accès, des parkings saturés. Des gens au travail circulent dans tous les sens en sifflotant. Un homme m'aborde avec diligence :

-	Je suis St Rino, le fils de la turbo-fée Mille Usines, cherchez-vous un emploi ?

-	Non, non, je me ballade en rêvant avec mon béret.

L'homme reprend :

-	Je suis très ennuyé. J'ai installé toute mon industrie au Paradis, mais il n'y a pas assez de possibilités dans ce bassin d'emploi : pas une personne disponible. Je suis obligé d'embaucher des gens de l'ancienne mégapole Tolosa. Les déplacements sont fatigants et coûteux malgré la quatre voies : il nous faut à tout prix un TGV Tolosa-Auch-Lectoure. Et une deuxième tranche sur Marciac sinon ça va Jazzer. Pour le transport de nos productions aussi ce serait quand même moins polluant que tous mes camions qui parcourent l'Europe.

J'avais enfin compris cette mobilisation générale pour cette histoire de TGV. Il est vrai, pensais-je, que le travail est un élément essentiel à prendre en compte pour réussir l'Eden. Rassuré, je choisis de visiter la capitale, le cœur de la Gascogne : Auch. C'est une petite ville bien connue pour ses oies, sa tour d'Armagnac, sa cathédrale Ste Marie, les escaliers monumentaux, la statue d'Artagnan, les pousterles… Alors que je continue d'énumérer les nombreux sites à visiter, un gros porteur « Air Gascogne » en provenance des Etats Unis Slaves se pose sur la piste n° 3 de "Lamothe International Airport ".

-      Ariane est de retour !, s'exclame St André, un rugbyman, me semble-t-il. Depuis un bon moment il trépignait d'impatience.

-      Il va falloir s'agiter un peu, les Gascons ! dit-elle en sortant de l'appareil vide. Nous n'arrivons plus à fournir nos 800 "Restogascons" de la planète. Il manque aussi des produits frais pour les "Relais Châteaux Gascons", c'est la panique ! ! ! »

St André, ôtant sa toque pour essuyer son front humide, lui répond, l'air fatigué et désolé :

-      Ecoute ma chérie : toutes les usines agro-alimentaires, toutes les salles de découpe, abattoirs, conserveries artisanales tournent plein pots. Les 61200 Paysans produisent selon le cahier des charges "Equilibre Nature-Humain" en utilisant la totalité du terrain disponible en Gascogne. On ne peut pas faire mieux ! D'ailleurs, voici St Just du Critt (centre régional d'innovation et de transfert de technologie), il te confirmera. Avant de décoller pour la Chine, va donc voir à la chambre Paysanne, étudie de nouveau avec eux le planning de production et harmonise ton marché avec eux... C'est pourtant simple… Bon sang ! ! !

Quittant pour un temps mon cheval blanc, compagnon de mes rêves et quittant aussi cette ambiance survoltée, je prends le métro, direction place de la cathédrale Ste Marie. Un homme assis près de moi, ayant lui aussi assisté à la scène précédente, dit :

-      Un million de vaches gasconnes et auréolées de surcroît (normal au Paradis), deux millions de porcs noirs en plein air, les poules noires et leurs œufs

A.O.C., le foie gras A.O.C., aux figues ou au maïs blanc, les magrets, les volailles "Avigers", les chapons, les melons, l'ail, le gibier, les chevaux lourds, les fruits et légumes, les pruneaux, l'Armagnac, la folle blanche, le St Mont, le Floc, le Pacherenc, la Colombelle, la Flutelle, le Madiran, la farine et le pain, les pâtisseries gasconnes, les jus de fruits, les huiles de tournesol et de colza, les nouveaux vins et apéritifs sans alcool, les eaux de sources, les fromages, lait, miel et j'en oublie et des meilleures… Et il parait que les boutiques implantées maintenant sur toute l'Europe n'arrivent plus à faire face à la demande. Mais où va-t-on, de qui se moque-t-on, je vous le demande ? Oui, je vous le demande ?…

Je n'ai rien dit pour ne pas envenimer, mais à mon avis, l'homme n'avait pas vécu ou avait oublié les périodes difficiles de la fin du siècle dernier où personne ne voulait de nos productions de qualité, même payées au-dessous de leur juste valeur. Heureusement que les derniers gouvernements ayant pris conscience des problèmes d'environnement, ont bien encouragé ces nouvelles méthodes de production qui favorisèrent le développement local. L'homme continua :

-     Il faut se rendre à l'évidence. Il n'y a plus assez de personnes disponibles pour travailler depuis l'instauration des 20 heures, de la Sécu et du régime de retraite uniformisée. On ne va tout de même pas embaucher les 15 000 étudiants de l'IUT, Beaulieu, Mirande, St Christophe, Risle, Cologne ou ceux du CRITT s'ils n'ont pas fini leurs études.

Ouf ! Nous arrivons en haute ville. Pas trop tôt, pensais-je… Mais… à ma sortie de la bouche de métro , stupéfaction… devant le parvis de Ste Marie, une voiture blanche, toute vitrée entourée d'une multitude de religieux ! Je m'approche du véhicule et demande :

-       Êtes-vous le Messie ? »

-       Mais Non…zé souis le St Père et j'ai venou di Roma per soutinir la révindication dé mes frères Gersois. Ils vélent invahir manténant l'hôtel dou départament per manifestar lair mécontantémant. Mes courés veulent la réconstroution de les présbytères din tous les pitits villagés répéplés. Des travaux ant été entrépris l'an derniera, ma lo D.G.S. trova qué c'est déjà trop coûteux. St Mont, Flaran, Boulor sont aussi satourés de cisterciens. Alora, il faut rébâtir à tout prix. Au conseil général, ils disent qué la réouvertoura des éscolés commounalés et des collèges rouraux ont coûté ouna fortouna, ils souhaitent far una posa…

Plus loin, derrière les jets d 'eau, St Jean l'Auscitain, au balcon de son hôtel de ville savoure et se délecte de ce spectacle :

-       Qui aurait cru cela il y a seulement vingt ans : les Paysans, les artisans, les commerçants, les industriels, les technocrates, les néo-gascons, le Gers tout entier a réussi à se mobiliser et à s'unir pour vaincre le fatalisme… C'est un véritable miracle ! Il est vrai que nous ne sommes pas loin de Lourdes comme disait un de nos anciens préfets. Même l'essence n'est plus de l'essence, ce sont des productions gersoises d'huiles de colza et tournesol, diester et éthanol, énergies renouvelables produites chez nous à Aubiet. Avec les cours d'eau maintenant bien régulés par tous ces lacs en amont du Paradis, l'énergie hydraulique fait fureur. Les éoliennes ont remplacé Golfech *(la centrale nucléaire)* qui vieillissait mal. Nous avons exploité tous nos meilleurs atouts. Même le vent d'autan est devenu une opportunité. Autrefois il était coutume de dire chez nous que c'était le vent des fous. Désormais, c'est le vent des sous ! » . Puis en se frottant longuement les mains, avec un grand sourire, il dit : « Je peux maintenant prendre ma retraite en toute quiétude…

Surgissant au galop de derrière la cathédrale, un cavalier éblouissant, tel Prost à Nogaro, sur sa monture gris-métallisée, stoppe net devant un pauvre vieillard dénudé assis sur un tas de paille près de la porte du monument :

-       Êtes-vous SDF, avez-vous vos papiers ? interroge avec gentillesse et délicatesse le preux chevalier.

-       Je m'appelle Job, mon industrie a plongé depuis qu'on ne fume plus au Paradis. Je suis sans papier, sur la paille, et j'ai froid.

Le chevalier prit alors sa grande cape de Mousquetaire, la partagea en deux avec son épée et en offrit une moitié au vieillard en disant :

-       On va vous loger mon ami, ne souffrez plus. Demain vous aurez vos papiers.

C'est alors que je le reconnus !

- Vous êtes St Martin, celui qui a dit : Tant que je serai là, on ne coupera pas l'électricité aux plus démunis.

Oui, je suis le représentant de Dieu et mon apôtre de tutelle me demande des explications concernant le Saint poète Rousseau. Il nous a planté des haies partout. Je ne réprouve pas car elles sont fabuleuses et bien utiles, mais sur les bords des sentiers on ne distingue plus la signalisation et surtout les panneaux d'interdiction de planter des pommiers. Je dois intervenir sur le champ avec les CRS *(Comité de Respect de la Signalisation)* pour qu'ils agissent en collaboration avec la DPE *(Direction Paradisiaque de l'Equipement)*. Il faut entretenir ces bordures. » Et aussitôt il repart au galop en direction des pousterles *(petites ruelles médiévales très pentues, à découvrir absolument en visitant Auch)*.

Il se fait tard, je dois rentrer à Sabaillan. Je vais donc récupérer mon fidèle cheval blanc qui a eu le temps de faire une bonne sieste en grignotant une botte de "luzerne A.O.C. Gers" *(Appellation d'Origine Contrôlée)* et nous voilà repartis sur le sentier de Pavie. Entre Orbessan et Ornezan, une multitude de crapauds ont envahi un champ de jeunes céréales. Soucieux, je m'arrête à la ferme la plus proche. Sympathiquement, le Paysan m'invite à entrer pour m'expliquer devant une table bien garnie d'appétissantes cochonnailles.

- Asseyez-vous et servez-vous noble pèlerin. Ici, on dit : la terre est basse, le ciel est haut, il n'y a que la table de niveau ! ! ! Vous passerez bien la nuit chez nous, on a de la place vous savez ! Allez-vous à St Jacques de Compostelle ?

-    Non, non, j'habite aussi au Paradis, je suis de chez Sabaillus Bonus Maximus Dominus. Merci pour votre invitation mais je voulais simplement savoir ce qui se passe… Tous ces crapauds dans votre champ ?

-    Nos récoltes sont surpeuplées de limaces et Crapotex nous a livré le traitement aujourd'hui.

Assis au coin de la grande cheminée, un grand-père ricane doucement, en faisant tourner entre ses mains une casquette à longue visière. Le jeune Paysan reprend :

-    L'an dernier, nous avions une invasion de pucerons sur le froment. Il y a longtemps qu'on n'avait pas vu ça ! Oh oui, au moins vingt ans. Du temps de ces variétés soi-disant de force. En fait, elles étaient très faibles… L'an dernier donc, il nous a fallu acheter cinq millions de coccinelles. La lutte intégrée, ce n'est pas gratuit. Ce sont des charges supplémentaires qui n'étaient pas prévues. Heureusement que St Yves et St Henri-Bernard nous avait conseillé ces dernières années : Tant que le blé biné vaut deux Euros le Kg, placez-en au moins 10% à votre nouvelle banque ''Le Crédit Paysan de Gascogne'' en cas de calamité…

Le pépé prend alors la parole, sans me regarder, en attisant son feu :

-    De mon temps, on ne s'embêtait pas comme vous. Nous avions des produits chimiques adaptés à chaque problème. Vous, les jeunes, vous recherchez la difficulté. Je me demande à quoi sert tout ce que je t'ai appris !

-	Allons papa, as-tu oublié la grave maladie de ton frère, et la grande épidémie de colique de 94 où tous les touristes de nos chambres d'hôtes ont du être rapatriés dans leur pays après avoir fait un stage aux urgences de Seissan ? N'était-ce pas la qualité de l'eau qui en était la cause comme le dénonçait à juste raison notre présidente Ste Hélène ?

Le grand-père énervé :

-	S'ils avaient vécu dans un milieu moins aseptisé comme nous, leurs anticorps auraient mieux accompli leur fonction. Et puis moi… quand je sens que ça gargouille… un bon coup d'Armagnac avant de me coucher et Hop ! Le tour est joué !

-	Mais pourquoi dis-tu ça, papa, ton frère était aussi agriculteur comme toi !

Je conclus :

-	Excusez-moi, ce débat est fort passionnant et mériterait d'être approfondi, mais la nuit approche et je dois poursuivre mon chemin. Merci et à bientôt !

Quelle journée passionnante ! Pensais-je en rentrant chez moi. Est-ce un rêve ? Est-ce la réalité ? Est-ce un rêve réalisable ? Et en me couchant, je repensais à la citation d'André Malraux qui prédisait :

-	Le vingt et unième siècle sera mystique ou ne sera pas…

Le clair de lune m'empêche de trouver le sommeil et les grenouilles qui coassent et croissent dans les bassins d'élevage me rappellent que demain matin, je dois en reprendre mille pour la ferme-auberge: St Yves, St Martin et tous les Saints Patrons du Paradis reçoivent les représentants de Dieu, de Bruxelles et Strasbourg pour savourer les résultats et la réussite de ce projet. Finalement, quoi qu'on en dise, vouloir faire de la Gascogne le Jardin d'Eden de la Grande Europe, c'était vraiment un bon projet ! ! ! Heureusement qu'en 1993, au siècle précédant, il y avait eu un débat démocratique sur l'aménagement du Territoire.

Bientôt, je continuerai mon voyage au Paradis au gré des sentiers balisés avec mon béret et mon cheval blanc. Je suis particulièrement optimiste en pensant avec certitude que tout va bien là-bas aussi... Normal, au Paradis...

Désormais je ne quitte plus mon béret. Quand ma belle sœur me redira : "Tu as l'air âgé avec ton Béret." Je lui répondrai : "C'est normal...Je suis déjà en 2015 ! ! ! "

Le petit train du XXIe Siècle
1994

En famille nous nous baladions de ferme en ferme dans la Drôme des collines, au Nord-Est de l'Occitanie, avec notre "accent du soleil" comme ils disent là-bas. Au pays de la tome de chèvre, de l'abricot, de la noix, de la lavande et du facteur Cheval, nous découvrions avec stupeur dans la Galaure, sous la ferme de Marthe Robin et allant je ne sais où, une nouvelle plaie ouverte dans cette pauvre Vallée du Rhône : le chantier du TGV.

Si désolant constat il y eut, il fut pour cette région Rhône-Alpes si stigmatisée par le progrès, car il fit naître en moi un nouvel élément de réflexion au puzzle de l'aménagement de notre territoire gersois.

Imaginons que bientôt, chez nous en Gascogne, nous ayons de bonnes lignes ferroviaires. Nos camions embarqués sur les wagons pour les longs parcours, distribueront sur toute l'Europe les fruits de nos nombreuses petites industries agro-alimentaires (ou autres produits de qualité) implantées le long de ces voies. Ainsi, nos petites routes de vallées, bordées de haies fleuries, redeviendront paisibles et plus conviviales.

Précurseurs en matière de protection et de respect de l'environnement, la Suisse nous donne déjà l'exemple. Cela permettra aussi, lorsque nous manquerons de bras dans ce nouvel Eden, de transporter chez nous matin et soir, par TGV, ces pauvres Toulousains si pénalisés dans ce nouveau partage de l'espace.

Et pourquoi ne pas voir renaître notre petit train en Vallée de Save :

"Lombez, Lombez…3 minutes d'arrêt !"

A propos des décharges et autres poubelles de la
société de consommation.
1996

Il faut une nouvelle fois rappeler à nos amis
technocrates que les vallées de Save, Gimone et leurs
environs sont pays d'accueil pour nos amis touristes et
non pour les poubelles de la société.

Nous sommes bien dans une magnifique région en
voie de repeuplement et non de désertification. Il serait
bon qu'ils modifient leurs logiciels et rectifient cette
erreur d'interprétation.

Ils ont eux-mêmes instauré la règle de "pollueur-
payeur", Sachant d'où proviennent ces "déchets
ultimes" : pourquoi ne pas les stocker là où ils sont
produits ? Et de telles sources de pollution déposées en
amont des cours d'eau : est-ce vraiment raisonnable ?

Ainsi nous aurons préservé la Nature pour y
reconstruire la très prochaine Civilisation qui sera
rurale… Sans aucun doute !

Errare humanum est !

Le syndrome de la casquette de
l'oncle Sam.
2001

Depuis quelques années, à la suite d'une série bien
orchestrée d'événements stressants, je vis dans une
sorte de solitude involontaire: Je suis malentendant...
Non, ce n'est pas le silence, bien au contraire. Dans ma
tête, c'est un rucher de milliers de butineuses qui
captent une grande partie de mes capacités auditives...
J'ai été hospitalisé, radiographié, scannerisé en long, en
large et en tranches fines. J'ai vu des généralistes, des
spécialistes conventionnés et non conventionnés. J'ai
consulté des magnétiseurs, des acupuncteurs, des
kinésithérapeutes, des ostéopathes. J'ai subi des cures et
des traitements de chocs d'allopathie en séries
d'injections intraveineuses, intramusculaires, sous
cutanées, en goutte-à-goutte, en cachets, en gélules, en
sirops et aussi plus en douceur avec l'homéopathie. Il
ne me reste qu'un traitement à essayer: le caisson de
décompression...

Une seule angoisse persiste: tout a débuté par des vertiges vraiment neutralisants et ma crainte est de les voir à nouveau revenir… Alors, je dois éviter tous les stimulants: café, thé, vitamines et autres fortifiants. Je dois aussi éviter de veiller, j'ai besoin de calme et de beaucoup de sommeil. Il m'est interdit de prendre des anti-inflammatoires et de l'aspirine… Mais aussi éviter le soleil, le bruit, les efforts physiques soutenus et les situations stressantes (facile à dire !). Bref, le parcours du combattant et tout cela pour rien. Rien n'y fait… Le mal persiste…

"Il faut apprendre à vivre avec…" J'aurai dû simplement écouter la sagesse de ceux qui en souffrent et qui ont vécu comme moi le même parcours du "racket à la Sécu". Mais il est vrai qu'il faut des années de tentatives, de résignation et de révoltes intérieures pour arriver à accepter cette sagesse…

Alors, pendant ce long cheminement dans la solitude, qui m'a permis d'accéder à cette sagesse, j'ai voulu quand même essayer de comprendre les origines de mes maux, ne serait-ce que pour répondre à mes propres interrogations. Comme je fais partie de la société humaine, je voudrais aussi essayer de communiquer, de médiatiser mes recherches avec tous les modestes moyens que la Nature m'a donnée : les conter. Pour moi, il est trop tard (Peut-être dans une autre vie ?). Mais je voudrais aider mes semblables à se prévenir de ce fléau…J'ai longtemps cherché en vain, dans mes nuits sans sommeil, la véritable cause de ce mal qui s'abat sur bon nombre d'entre nous et notamment sur la génération du "baby-boom" (la génération des Européens nés en surnombre pour fêter la fin de la dernière guerre mondiale).

Mais voilà que des chercheurs gascons, après de longues années de travail, ont enfin réussi à l'identifier. Il s'agit du "Syndrome de la Casquette de l'Oncle Sam" apparu en Europe il y a un demi-siècle. Je vais tenter de vous expliquer la cause et vous suggérer une prescription très simple qui va vous aider dans la prévention pour votre propre équilibre.

- Jetez absolument votre casquette à grande visière dans la benne à ordures, dans le casier des déchets non recyclables et, si vous vivez en Gascogne, essayez le Béret !!!

Ainsi, lorsque toutes nos régions de la Grande Europe en construction auront compris qu'il est important de préserver leur coiffe traditionnelle, il sera très agréable de voyager à la découverte de chaque identité et aussi de faire partager la sienne. Car, si tout le monde portait la même casquette, ce serait vraiment monotone et triste… Et l'ennui c'est stressant… et le stress peut donner des vertiges… qui peuvent provoquer des déséquilibres… dus à ce fameux syndrome latent…

Fantastique ! Des scientifiques gascons ont enfin découvert l'origine du mal qui décimait les identités européennes : la casquette à grande visière. Un seul remède si vous vivez en Gascogne : Essayez donc le béret ! Vous n'avez pas la chance de vivre en Gascogne, alors, essayez votre coiffe locale !

Histoire de fromage
1993

Il était une fois, dans un merveilleux petit coin de France, des bergers heureux qui, tout en haut de leurs alpages, fabriquaient avec passion et amour, un des meilleurs fromages au lait crus de notre pays. Ils perpétraient une recette jalousement gardée de génération en génération depuis des siècles…

De plus en plus sollicités, ils avaient beaucoup de mal à fournir la demande grandissante d'un marché qui, jusqu'alors, était resté confidentiel.

Alors, il y a une trentaine d'années, tout fut repensé par de grands spécialistes du développement afin de répondre à l'appel du consommateur :

- La production fut déplacée en bas, dans les vallées fertiles bien plus performantes.

- Les vaches de race locale furent remplacées par des étrangères bien plus performantes.

- Les pâtures de l'alpage furent remplacées par de l'ensilage de maïs irrigué, bien plus performant.

- La fabrication fut regroupée sur un seul site. Il fallait offrir au consommateur un produit uniforme, aux normes européennes, dans une vallée proche des unités de production laitière pour limiter les coûts de production et ainsi être bien plus performant.

- Bien entendu, il était aussi impératif d'être proche de l'autoroute pour que les coûts de distribution soient bien plus performants.

- Les archaïques cuves de cuivre ou de bois furent remplacées par de l'inox rutilant pour s'adapter aux nouvelles normes d'hygiène. Dans ce même but, il fallut stériliser le lait avant la fabrication. Ce qui nécessita, pour un fromage au lait cru, l'installation d'un laboratoire récréant artificiellement des ferments, injectés aux rythmes imposés par l'organisation du travail de l'entreprise devenue ainsi bien plus performante.

Bref, c'était le progrès…Tout avait été prévu pour fonctionner au mieux dans le meilleur des mondes : rationnel, informatisé et aseptisé. Les petits bergers et leurs bovins archaïques s'éteignirent peu à peu, mais c'était normal, c'était le progrès. La friche gagna une grande partie de l'alpage devenu désert et, signe de modernité en matière de sécurité, les Canadairs *(bombardiers d'eau)* firent leur apparition. Bien que les lisiers et les nitrates commençaient à déranger, on

acceptait. C'était normal, c'était la rançon du progrès !
Bien sûr, un autre monde plus moderne, plus ''propre'',
créateur d'emploi et bien plus performant était né…

MAIS… dans le rayon des produits de terroir ''haut
de gamme'', ce nouveau fromage aseptisé, sous vide,
ne ressemblait plus guère à l'original et les
consommateurs déçus le boudèrent rapidement. La
stratégie marketing avait beau redoubler
d'imagination et de promotions, rien n'y faisait.

ALORS… pour respecter les cadences de production
savamment liées à celles de la production laitière, à
celles des rutilantes installations, à la performance
maximale des salariés, on dut baisser le prix pour se
placer sur de nouveaux segments de marché. Ce produit
banalisé fut relégué au rayon du plus ordinaire des
fromages. Du même coup, son identité, ou plus
précisément l'Identité qu'il avait usurpée, fut bradée…
Bien vite le château de cartes fut pris dans la tempête
économique. L'entreprise, après avoir été soutenue
quelques temps par des fonds publics, plongea dans la
faillite. Elle entraîna avec elle des dépôts de bilan en
cascade, chômage et agriculteurs en difficulté… La
région fut classée " Zone sinistrée ".

Après cette "tornade imprévisible", une poignée de
"marginaux", anciens bergers ou écolos *(les ploucs…)*,
qui avaient précieusement préservé l'ancestral savoir-
faire et quelques vaches de race locale, transmirent peu
à peu, à quelques jeunes néo-montagnards courageux,
l'héritage qu'ils avaient porté à bout de bras pendant les
années du progrès. Ces jeunes Paysans, avec peine,
persévérance et passion, sont en train de faire renaître le
Vrai Fromage Traditionnel dans de nouvelles petites

fromageries artisanales installées dans les alpages. Ils ont conscience que le contact avec les consommateurs, grâce au tourisme rural qui se développe dans la montagne à nouveau verte et ouverte, les aidera à valoriser ce nouvel élan. Ils ont heureusement pris soin d'identifier leur savoir-faire et leur production encore modeste avec un signe de qualité A.O.C. *(Appellation d'Origine Contrôlée)*.

Les consommateurs reprennent peu à peu confiance et acceptent à nouveau de payer le vrai prix de la Vraie Qualité retrouvée. Une petite région de montagne, classée arbitrairement "Zone en voie de désertification", est entrain de renaître sur les cendres de la productivité. De nouveaux jeunes Paysans continuent de s'installer et bientôt, avec l'équilibre retrouvé, chacun y retrouvera son compte. Bientôt ils seront aussi nombreux que ceux que faisait vivre l'usine à fromage désaffectée et classée "friche industrielle".

La montagne recommence à vivre, les Canadairs se font de plus en plus rares. En septembre dernier, l'école primaire du petit village d'en haut a été rouverte…

Cette histoire vraie vaut bien un fromage sans doute ?

Le maillon faible
2002

Originaire de Mésopotamie, l'Irak actuel (ou d'ailleurs, peu importe), l'Homme nomade n'a cessé de voyager et progressivement peupler la planète entière.

On dit que depuis le début de l'ère de Sabaillus Bonus Maximus Dominus (il y a deux mille ans environ), la Gascogne, terre d'accueil, s'est enrichie de la venue d'une trentaine de peuplades nouvelles, ce qui limita heureusement les risques de dégénérescence par consanguinité.

Peu à peu, les peuplades réparties sur le Globe tout entier, s'organisèrent en sociétés. Puis vint le temps de la sédentarisation, des frontières : « Ici c'est chez moi et pas chez toi ! » Et comme revers de la médaille, on vit rapidement apparaître les premiers Conquistadors entretenant leurs instincts primaires : "Pousse-toi que je m'y mette…Ton pétrole est pour moi… " Depuis, par méfiance, les transhumances devinrent plus hasardeuses et délicates. Ces sociétés s'organisèrent tant bien que mal, en fonction de leur environnement, pour subvenir plus ou moins à leurs besoins.

Mais voilà que ces derniers temps naquit une forme étrange de société basée uniquement sur l'économie à court terme, au détriment de tous les Grands Equilibres déjà observés depuis des millénaires par les sages des peuplades primitives. Au début tout paraissait merveilleux. On y accueillit des amis provenant de sociétés voisines provisoirement en difficultés : "Viens chez moi, je peux t'aider, j'ai du travail pour toi ! " Effectivement, il y avait de la place pour tous... Ces "immigrés" participèrent au développement et à la richesse de cette société dite moderne. Désormais intégrés, ils portent maintenant la même coiffe que les autochtones. Ils sont devenus... autochtones. En Gascogne, ils portent le Béret !

Faisant fi des conseils des sages, cette organisation de forme pyramidale montait toujours plus haut, toujours plus vite. Rien ni personne ne semblait pouvoir arrêter cette fulgurante progression et cette course effrénée. Tant et si bien que ces derniers temps, comme une sorte d'hystérie collective, tout le monde courait dans tous les sens, en se piétinant les uns les autres, sans plus savoir pourquoi... C'était normal, il fallait aller plus vite, il fallait aller plus haut. Le seul alibi, c'était le Progrès, la compétitivité...

Cette société prit rapidement, en moins d'un siècle, l'allure de la tour de Babel. Et bien entendu, comme les Grands Equilibres avaient été ignorés sur le plan (mais y avait-il réellement un plan ?), ce qui devait arriver, arriva. L'édifice commença dans un premier temps à ressembler à la tour de Pise, puis, petit à petit, à se fissurer. Bâti sans fondations, le sol était trop mouvant pour résister à un tel poids... Plans sociaux, plans de redressements... rien n'y faisait. Les architectes et leurs successeurs avaient beau retourner le problème dans tous les sens, il était trop tard. Dans ce "Loft", une seule solution revenait à l'esprit des dirigeants à la pensée unique: il faut éliminer tout ce qui n'est plus utile de façon à alléger les charges : pour cela, il faut rechercher les maillons faibles et les éliminer. Et comme dans le règne du vivant, le plus faible est naturellement rejeté, on va donc, naturellement, montrer du doigt les derniers embarqués dans "L'insubmersible".

"Qu'ils rentrent chez eux ! On n'en a plus besoin ! Chacun chez soi et Dieu pour tous !" Soit : Appliquons les lois primaires de la Nature. Après tout l'Homme n'est-il pas un mammifère ? Mais comment procéder? Mais qui est l'étranger ? Je suis un étranger, ma femme est étrangère... Tu es un étranger ! ! ! Les architectes sont étrangers, les comtes sont étrangers, le boulanger est étranger ! ! ! Arrêtons ce jeu de massacre ! ! ! Il y a de la place pour tous ! ! ! Si la Gascogne avait refusé l'immigration, ce serait un désert sans identité : pas de foie gras, pas de vignoble, pas d'Armagnac, pas de maïs, pas de tournesol, pas de pommes de terre, pas de tomates, pas de châteaux, pas d'Occitan ni de patois, pas de Jazz in Marciac...

Il n'y a pas de problème, il n'y a que des solutions : l'Homme est intelligent, c'est prouvé ! Il a même créé une règle de calcul pour évaluer son propre Q.I. ! Et (paraît-il ?), les meilleurs Q.I. sont parmi les architectes et les comtes !... Malheureusement, tous les systèmes de société sont très fragiles et à fortiori, lorsque les Grands Equilibres ne sont pas respectés…

Alors, en bonne intelligence, répartissons-nous les tâches… Puisque nous avons la chance d'être nombreux et pour qu'il n'y ait pas à éliminer de maillons faibles, nous pourrions nous répartir en deux groupes de travail, en fonction de nos compétences et de nos affinités pour être plus efficaces :

Pour assurer la transition, avant que ne sonnent les trompettes de Jéricho, un groupe continuera d'entretenir et de boucher les lézardes de l'édifice actuel très fragilisé. Cela laissera le temps à l'autre groupe de réaliser un nouvel ouvrage et ainsi assurer une transition en douceur. (Rappelons-nous les fins tragiques des civilisations et organisations sociales : Grecque, Romaine, Soviétique…etc.)

L'autre groupe, à l'aide d'un plan harmonieusement étudié en proche collaboration entre les maçons et les architectes, entreprendra la construction d'un nouvel édifice sur de vraies fondations prenant en compte les grands Equilibres dès le départ.

Paysan des coteaux gersois, réveille le Gascon qui
sommeille en toi
1993

Tu avais raison Gascon, tu n'étais pas fait pour la productivité. Tu es conçu comme ton terroir pour produire la Qualité, la Vraie, et pour la faire partager : c'est comme ça, tu n'y es pour rien !

Tu as de grandes richesses en sommeil, celles que tout le monde t'envie : ta philosophie, ton art de vivre, ton authenticité et ton panache légendaire.

Dès maintenant, tu dois être le guide pour bâtir demain, on a besoin de toi ! Tu peux aider, par ton savoir, à résoudre de nombreux problèmes, tu connais des solutions. Prend conscience, utilise ton énergie à recréer et surtout ne la brade ni au fatalisme ni à la révolte. Tu n'as pas de temps à perdre !

Reconstruis la Gascogne pour tes enfants, elle a sa place dans l'Europe du XXIe siècle. Réveille-toi Gascon, et sois fier ! Tu as de grandes valeurs à faire partager et c'est bien le moment !

SOMMAIRE

*

*

Sous chaque titre figure sa date de rédaction. En leur temps, certains avaient été publiés sur la presse locale.

La première édition de 2003 étant épuisée, voici une réédition vingt ans après…

Du même auteur

Pas longtemps après la parution de "Contes, Comtes et Comptes Gascons", l'auteur a vécu plusieurs années dans la Lettonie profonde où seuls les loups, les ours, les élans et les millions de migrateurs retrouvent leur chemin sans se perdre. Cette mission pour une ONG lui permit de découvrir ce pays à la nature fascinante. Elle lui inspira ces écrits :

La Dame Blanche de Lettonie. Traduit en letton et anglais sur le même ouvrage. Un conte fantastique dans le contexte du sovkhoze, la ferme d'Etat de Graši durant la triste période soviétique.
Environ 50 pages pour les trois langues. FR, LV, UK.

Ad Vitam Æternam. Un roman d'Amour fantastique qui commence comme un conte. Il reprend et fait suite à "La Dame Blanche de Lettonie". L'histoire se déroule un pied en Occitanie à Sabaillan dans le Gers et l'autre à Rīga, Graši et Rozkalnis en Lettonie. Dans une ambiance paysanne il sera question de la Réincarnation et de la préparation au Grand Retour des Petits Paysans au chevet de notre Civilisation. Mis à part de nombreux lieux et faits bien connus de l'auteur, certaines biographies seront quand même à vérifier.
En plusieurs tomes d'environ 250 pages chacun.